Chandrasekaran Venkatraman

Produtos cartográficos publicados e não publicados do Serviço Geológico da Índia

Chandrasekaran Venkatraman

Produtos cartográficos publicados e não publicados do Serviço Geológico da Índia

- Avanço no tempo

ScienciaScripts

Imprint

Cover image: www.ingimage.com

This book is a translation from the original published under ISBN 978-620-2-02639-0.

Publisher:
Sciencia Scripts
is a trademark of
Dodo Books Indian Ocean Ltd. and OmniScriptum S.R.L publishing group

120 High Road, East Finchley, London, N2 9ED, United Kingdom
Str. Armeneasca 28/1, office 1, Chisinau MD-2012, Republic of Moldova, Europe
Printed at: see last page
ISBN: 978-620-7-91309-1

PUBLISHED AND UNPUBLISED MAP PRODUCTS OF GEOLOGICAL SURVEY OF INDIA- ADVANCEMENT THROUGH TIME

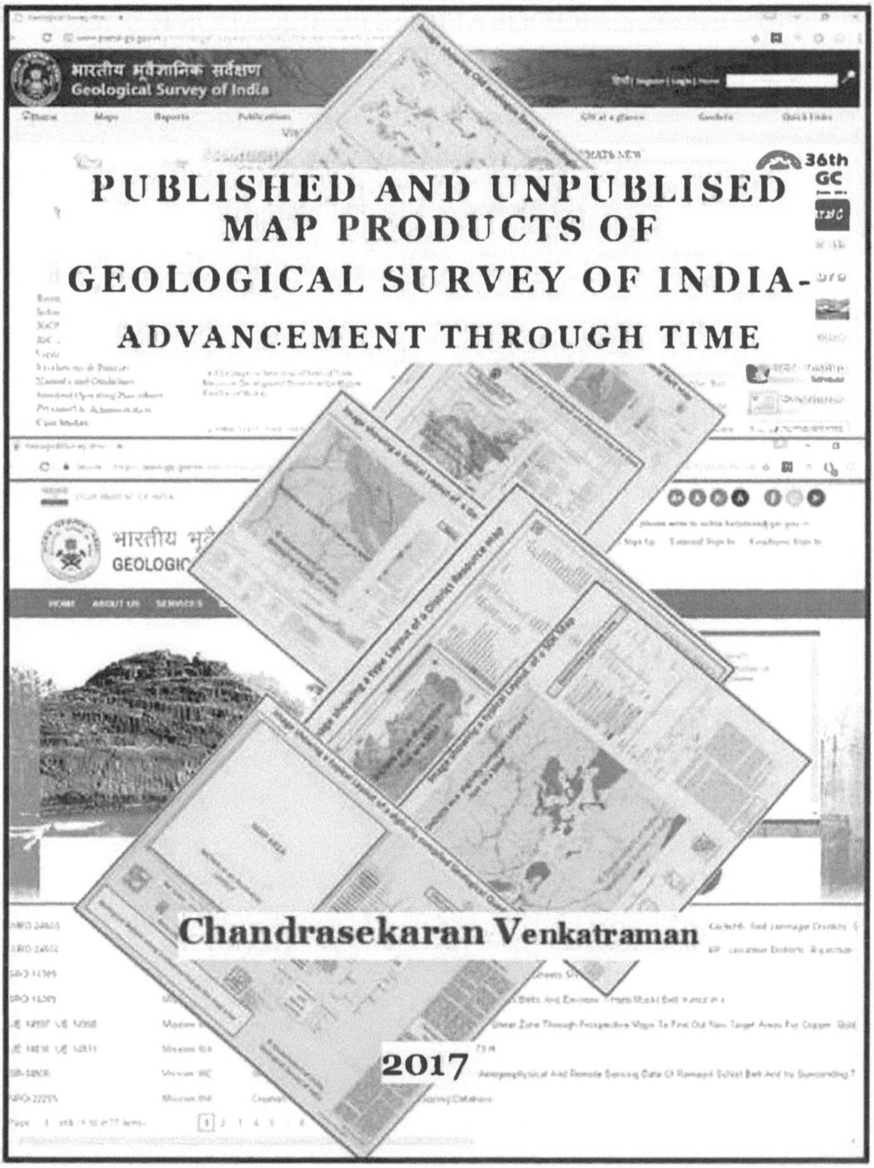

Chandrasekaran Venkatraman

2017

PRODUTOS CARTOGRÁFICOS PUBLICADOS E NÃO PUBLICADOS DO SERVIÇO GEOLÓGICO DA ÍNDIA - AVANÇO NO TEMPO

Dr. V. Chandrasekaran

ÍNDICE

CAPÍTULO - I: INTRODUÇÃO

O Serviço Geológico da Índia (GSI) é a pioneira e a segunda mais antiga organização de ciências da terra na Índia, que se dedica à cartografia geológica, à pesquisa e exploração de recursos minerais/energéticos, à exploração offshore; à realização de estudos de geologia de engenharia, geotécnicos, geoenvormentais e de riscos geológicos, para além de muitos programas geocientíficos patrocinados, nomeadamente expedições marinhas, glaciares e antárcticas.

A GSI tem a responsabilidade de divulgar informações geológicas através da publicação de relatórios, memórias, revistas, mapas e, mais recentemente, através de meios electrónicos, nomeadamente o Portal Web da GSI. A organização tem vindo sempre a atingir um dos seus principais objectivos de publicação de mapas geológicos, projectando a informação relacionada com as ciências da terra. O primeiro mapa geológico de partes da Índia, intitulado "Região de Hyderabad", foi elaborado por H. W. Voysey, um grande agrimensor trigonométrico, em 1821.

Desde que a cartografia geológica sistemática assumiu um papel central, a superfície da vasta nação, a Índia, foi cartografada à escala 1:50000 (ou quase equivalente a 1″ para 1 milha) e um grande número de mapas geológicos foi gerado de forma analógica, utilizando métodos cartográficos convencionais na elaboração de mapas.

Até meados da década de noventa, a aquisição, o armazenamento e a divulgação de dados eram efectuados essencialmente de forma analógica. O esforço global de criação de bases de dados espaciais e de atributos no GSI começou em 1996 através de projectos como "Geochemical inventory of Greenstone belts of Karnataka", "Geoinformatics" e "Geoismm". A tónica foi colocada na criação de bases de dados temáticas sobre vários domínios geocientíficos à escala 1:50000 em formato digital através da conversão dos dados analógicos existentes. Com o início da produção de mapas digitais, a GSI deu um grande salto na produção de mapas geológicos e integrados digitais, que foram disponibilizados predominantemente em armazenamento eletrónico e alguns reproduzidos como cópias impressas a pedido, de acordo com as políticas do departamento reguladas periodicamente.

Com o lançamento do GSI PORTAL (www.portal.gsi.gov.in), por volta de 2004-05, foram iniciados os serviços de mapas no GSI Portal, utilizando a Arc Extended Markup Language (ArcXML), um protocolo de comunicação da ESRI. As actividades do Portal estenderam-se à construção de um sistema de gestão de imagens para a entrega de grandes quantidades de imagens (mapas georreferenciados digitalizados, mapas de localização, fotografias, etc.); conversão de séries de mapas antigos em papel (analógicos) em formato digital raster de alta resolução que pode ser acedido em clientes de secretária, móveis e Web; integração do servidor de imagens com o sistema de gestão de documentos na arquitetura distribuída, para além dos seus próprios serviços administrativos. A recolha e a compilação de dados gerados através de projectos de cartografia geoquímica nacional (NGCM) e de cartografia geofísica (GPM) num ambiente SIG-SGBD começaram a tornar-se uma realidade com a migração para um portal Web avançado (www.gsi.gov.in).

. Subsequentemente, após a conclusão destes projectos, os dados digitais geomorfológicos e de lineamentos relativos a todo o país foram compilados e disponibilizados na Internet aos utilizadores interessados através do Portal GSI. Numa fase posterior, a GSI conseguiu igualmente tratar o seu rico e vital conjunto de dados no domínio da geofísica, tendo as componentes relevantes sido integradas no sistema de gestão de documentos e nos serviços SIG (Sistema de Informação Geográfica), conforme aplicável.

O Plano Futuro baseia-se fortemente na atual política de divulgação do GSI, que prevê colocar a maior parte dos dados do GSI na World Wide Web para benefício da comunidade geocientífica em geral, do público, do governo e das indústrias.

Para preservar o património de informação das Geociências, para registar a contribuição da divulgação de dados do GSI e para popularizar as actividades do GSI, a ideia desta pequena publicação foi silenciada e tentada. Um resumo com um título semelhante elaborado pelo autor (Chandrasekaran, 2013)[4] com a aprovação do Diretor-Geral da GSI tinha sido anteriormente

[4] Os sobrescritos significam as referências citadas nesta publicação. publicadas. Esta breve publicação é apenas uma tentativa de projetar a enorme contribuição da GSI nos aspectos dos produtos cartográficos que estão lentamente a ficar acessíveis às comunidades geocientíficas para investigação posterior. O autor só pode ser creditado pela ideia concetual de reunir neste livro a informação de fontes dispersas. Os utilizadores finais devem ter o máximo cuidado ao consultar os dados da GSI e os seus mapas, depois de seguirem as leis/regulamentos em vigor do governo indiano e as normas da GSI, factos que também fazem parte deste trabalho.

Agradecimentos

O autor, que serviu o Serviço Geológico da Índia durante mais de trinta e seis anos, teve o privilégio de se associar a áreas de compilação de mapas, conversão digital, elaboração de mapas digitais, publicação e disseminação de dados, depois de ter prestado um serviço considerável nos domínios da cartografia geológica sistemática e da exploração mineral neste estimado departamento. Acresce ainda a recompensa de servir a Missão de Formação e Capacitação no final da sua carreira. A inspiração e o tema desta publicação não teriam sido possíveis sem o seu trabalho de fundo no GSI e o encorajamento das autoridades e dos seus antigos colegas do GSI. Agradece-se vivamente a autorização para referir e citar informações úteis do portal Web do GSI na presente publicação. O autor agradece vivamente as fontes de informação referidas e citadas que constituem a própria base desta breve publicação.

CAPÍTULO - II: HISTÓRIA DA GSI NA GERAÇÃO DE MAPAS

Nenhum tema sobre a GSI pode ser facilmente compreendido sem conhecer a sua história. Embora a GSI, nos registos, esteja datada de 4th de março de 1851, a sua existência é indubitável desde 1846, como refere o "período preliminar" de Chaudhuri (2001)[5] . No seu livro abrangente intitulado "Story of GSI", Chaudhuri menciona o crescimento evolutivo da Geologia como atividade de investigação desde a Índia Britânica até às actividades da GSI na era pós-independência até cerca de 2000. Talvez não seja uma repetição reproduzir aqui alguns extractos da compilação de Chaudhuri.

A necessidade de carvão levou à formação de um Comité para a investigação do carvão e dos recursos minerais da Índia (conhecido como Comité do Carvão) em 1836 e, com uma visão mais ampla, foi adotado um sistema de trabalho no futuro do Serviço Geológico desde 1852. thNa última década do século XIX, o GSI dedicou-se à investigação pura e ao trabalho de levantamento. O DG, GSI, no "Forward" da publicação GSI (2014)[18] , menciona que "antes da introdução da câmara fotográfica e dos filmes, durante os levantamentos e a exploração, os entusiastas costumavam desenhar esboços sempre que sentiam necessidade. Muitos desses esboços tornaram-se registos de informação geológica".

Durante o tempo de Oldham, as publicações, incluindo a publicação de mapas em vez dos registos governamentais então dispersos, intensificaram-se e a GSI iniciou as suas próprias publicações sob a forma de Memórias, Registos, Paleontologia Indica, Séries de Boletins (A, B e C), além de Resumos e Séries de Manuais, Minerais Indianos, etc. As Memórias do GSI começaram a ser publicadas em 1857.

Após o primeiro mapa geológico da GSI em 1821, foi apresentado um mapa da zona de Sutlej, Himalaia, pelo Capitão J.D Herbert, em 1826, no Journal of Asiatic Society of Bengal. Um mapa do campo de carvão de Karharbari, Damodar, numa escala de *4"* a 1 milha, foi elaborado por McClelland no final da década de 1840, para além de alguns outros mapas dos campos de carvão de Bengala da sua autoria. Em 1858-60, foi publicado o "Geological Map of the Ranigunj Coal Fields", o primeiro mapa geológico à escala de 1" a 1 milha, por W. L. Wilson. Alguns dos mapas geológicos de 1800 a citar são: Mapa geológico de West Burdwan, Mapa geológico das províncias montanhosas, Mapa geológico de

Campo de Carvão de Damudar - Raniganj. W.T.Blanford publicou um mapa geológico da jazida de carvão de Raniganj numa escala de 1*"* a 1 milha em 1858-60. O Mapa Geológico da Índia revisto, à escala de 1" a 32 milhas, foi publicado sob a direção de H. H. Hayden em 1911. O "Manual de Geologia da Índia", de E. H. Pascoe, foi publicado em quatro volumes durante 1921-33. Para obter um registo exato dos sismos no país, o GSI disponibilizou um "Catálogo dos sismos na Índia" desde os tempos mais remotos até 1860.

Os Registos do GSI apresentam as conclusões do GSI com mapas geológicos desde

1869. Embora o Relatório Anual do GSI tenha sido publicado separadamente, foi posteriormente integrado na Parte I dos Registos do GSI e publicado anualmente desde 1868. Estas publicações, incluindo memórias, apresentam mapas e placas ilustrativas. No entanto, a publicação cartográfica monumental mais notável foi o mapa intitulado "Preliminary sketch of Geology of India" (Esboço preliminar da geologia da Índia), elaborado por oficiais do GSI (primeira edição), na escala de 1" a 64 milhas, compilado por Oldham em 1877 no seu Manual of Geology of India (Manual de geologia da Índia), de 1879, quando os seus sucessores o concluíram.

Com o início do programa de cobertura geológica sistemática, dependendo da disponibilidade de mapas topográficos, muitas partes da Índia foram cobertas, especialmente as dos campos de carvão. Simultaneamente, as descobertas e os estudos sobre terramotos foram comunicados nos registos do GSI e um dos primeiros mapas desta categoria é o "Mapa isossísmico do terramoto de Assam de 12th de junho de 1897". Desde 1859, foram também efectuadas investigações geológicas de engenharia, com notas pormenorizadas sobre as questões geológicas e mineralógicas relacionadas com os deslizamentos de terras. O maior desafio, a seguir ao carvão, foi a exploração/produção de ferro para o país. Um desses mapas convencionais foi o "Geological Map of Lower Nerbudda" de P.N.Bose (1884). thNão se trata de um mapa datado com exatidão - o Mapa Geológico da Índia, abrangendo o Afeganistão até à Birmânia, foi disponibilizado no final do século XIX.

Algumas Memórias importantes foram publicadas no período de 1921-35. O conceito de levantamento geológico sistemático (cartografia) permaneceu sempre o princípio orientador da GSI e todos os mapas geológicos produzidos a várias escalas se basearam, de uma forma ou de outra, nos mapas geológicos sistemáticos. Após a independência, as importantes mudanças na política mineral, seguidas de uma série de legislação sobre minerais, alteraram constantemente a imagem da GSI. Com um forte impulso e uma grande afetação de pessoal, a cartografia geológica sistemática à escala de 1" a 1 milha ou quase equivalente à escala 1:50000 foi concluída em mais de 95 % do país até ao ano de 1990 e, nessa altura, foram disponibilizados mapas geológicos sistemáticos dessa área coberta de todo o país.

A cartografia geológica é, no entanto, um processo contínuo. É essencial registar aqui as dificuldades nas etapas de geração de mapas geológicos na ausência ou sem o fornecimento de mapas topográficos de base naquela época. Raramente, era difícil voltar à mesma área para autenticação ou confirmação dos dados cartográficos recolhidos. Com a identificação das áreas com "lacunas de conhecimento", prosseguiu-se com a cartografia a escalas maiores em aspectos conceptuais e temáticos. Desde então, a base de dados de informação geológica, incluindo mapas, tem vindo a aumentar constantemente.

Quando, em meados dos anos 70, o desenvolvimento sustentável se tornou a essência, o estudo da Geologia Quaternária, as questões geoambientais e o potencial da energia geotérmica tornaram-se actividades importantes do departamento e os mapas relacionados começaram a ser gerados desde então. Desde a época em que as instituições académicas desempenhavam um papel limitado nas actividades geocientíficas orientadas para o terreno, com a evolução do tempo, foi criado um grande número de universidades e instituições geocientíficas e o trabalho de muitas instituições académicas foi grandemente complementado pelos esforços do GSI. Simultaneamente, a necessidade de referência dos mapas do GSI tornou-se cada vez mais importante. Quando o GSI completou a cartografia geológica sistemática à escala 1:50000 ou equivalente, cobrindo mais de 95 % da superfície terrestre, os mapas já constituíam a base de dados fundamental para a investigação geológica no país.

As fotografias aéreas facilitaram a cartografia estrutural e litológica, bem como a cartografia em grande escala de cinturas minerais com maior precisão e rapidez. A foto-interpretação geológica atingiu a maioridade na GSI no final da década de 1960. A partir dos anos 70, as imagens de satélite proporcionaram uma melhor visão sinóptica das mega-estruturas, incluindo os lineamentos. Com o aumento da resolução e a introdução de novos sensores, nomeadamente as imagens de satélite IRS, os geólogos adquiriram uma ferramenta poderosa. A adição da base de dados de levantamentos geofísicos deu uma nova dimensão à investigação geológica e aos produtos cartográficos. A integração de dados tornou-se uma realidade quando o Sistema de Informação Geográfica (SIG) passou a ser utilizado na investigação geológica e a inundação de dados foi registada/projectada numa variedade de mapas geológicos integrados.

Na década de 1990, o departamento começou a utilizar dados IRS de alta resolução para auxiliar um programa de cartografia temática detalhada e especializada em diferentes domínios de estudo. Com a investigação geológica avançada dos seus projectos específicos, o GSI produziu uma variedade de produtos cartográficos, quer em termos de faixas móveis, faixas de dobras, blocos, cratões, terrenos, bacias ou actividades temáticas.

Com o avanço das técnicas de cartografia geofísica, a cartografia geofísica sistemática tomou um impulso no final dos anos 80 e 90, tendo sido gerados mapas geofísicos interpretados e integrados. Simultaneamente, o departamento de Geologia de Engenharia da GSI, em estreita colaboração com os principais projectos de irrigação e energia, os organismos executores, produziu uma variedade de mapas detalhados em grande escala que constituíram a parte obrigatória da investigação de engenharia da GSI e a aprovação do levantamento como um pré-requisito para os organismos executores. Do mesmo modo, os trabalhos das divisões especializadas, nomeadamente Deslizamentos de terras e sismotectónica, Estudos sísmicos, Estudos glaciológicos e antárcticos, Estudos geotérmicos e Geologia marinha, foram periodicamente registados

em relatórios e mapas relevantes.
Com as recomendações do Comité de Alto Nível (HPC), aprovadas pelo Conselho de Ministros da União em outubro de 2011, e com a estrutura organizacional revista proposta pelo HPC, que foi em grande parte implementada, a GSI passou para o modo de missão. Com o modo de missão em vigor, a GSI intensificou as suas actividades geocientíficas multidisciplinares num vasto espetro e produziu uma grande quantidade de mapas geocientíficos necessários à sociedade, acrescentando à sua já existente riqueza de dados cartográficos, que estão a ser projectados no âmbito do seu prestigiado e mais informativo Sistema Integrado de Informação Empresarial Básica em Linha (OCBIS) (https://www.gsi.gov.in/webcenter/portal/OCBIS).

CAPÍTULO - III: PUBLICAÇÃO DE MAPAS EM GSI - AVANÇO NO TEMPO

Com a sua história de publicação de mapas pelo GSI iniciada em 1821, o Serviço Geológico da Índia tem vindo a publicar um grande número de mapas geológicos e temáticos a várias escalas, incluindo alguns mapas internacionais. O GSI, tendo coberto quase todas as partes acessíveis do subcontinente indiano através de cartografia geológica sistemática e de outras actividades geocientíficas especializadas, obteve um armazém de dados sobre geoinformação. Os dados multitemáticos assim recolhidos são também utilizados para a modelação geoespacial, desde o tema da seleção de recursos minerais até à resolução de problemas geoambientais. A divulgação deste conhecimento geoespacial é efectuada através de diferentes publicações, relatórios, mapas, atlas e serviços Web.

Os produtos cartográficos publicados pela GSI mais referidos e procurados são os Mapas Geológicos Quadrangulares, Mapas de Recursos Distritais, Mapas de Cinturões Minerais, Geologia da Índia - mapa 1:2m, Mapas Marítimos, Mapas de Campos de Carvão - alguns dos quais podem ser mencionados. Além disso, a GSI também tem vindo a publicar mapas geológicos e minerais dos Estados e da região através do Misc Pub n.º 30, que abrange toda a Índia. A informação que pode ser obtida a partir destes mapas publicados é geologia, geomorfologia, tectónica, metalogenia, informação sobre recursos minerais, estratigrafia e zonas de risco natural potencial. Os mapas temáticos específicos fornecem informações específicas sobre o "tema do mapa", nomeadamente informações sobre o domínio sedimentológico das bacias carboníferas, a distribuição dos sedimentos superficiais, a batimetria, o potencial mineral offshore, etc., com base no levantamento geológico marinho, para citar alguns exemplos.

Os mapas analógicos publicados, disponíveis no GSI para referência (https://www.gsi.gov.in/webcenter/portal/OCBIS) e muitos para venda, são os seguintes:-

Mapa da Faixa de Minerais
Mapa Geológico de Quadrilátero
Mapa de recursos do distrito
Mapa do campo de carvão
Mapas que cobrem toda a Índia
Mapa marinho
Mapas geológicos e marinhos de estados e regiões
Mapa internacional
Atlas

<u>As publicações GSI disponíveis para venda são</u>:-

Memórias
Registos

Série de boletins
Série - A: Geologia Económica
Série - B: Geologia de Engenharia e Águas Subterrâneas
Série - C: Dados de base
Paleontologia Indica
Publicação especial: Predominantemente em Seminários/Simpósios e Workshops
Publicações diversas
Série de catálogos: Colecções de dados sobre aspectos especiais, como meteoritos, etc.
Resumos
Série de manuais
Indian Minerals: Publicado desde 1964 com uma coleção de artigos científicos (Atualmente: Indian Journal of Geosciences).

Disponibilidade das publicações do GSI

As publicações do GSI estão disponíveis para venda junto do respetivo Diretor, Divisão de Publicações e Informação, nos seguintes gabinetes
Central Head Quarters: 29, J L Nehru Road, KOLKATA - Postal Pin: 700016
Região ocidental: GSI Complex, Jhalana Dungri, JAIPUR - Postal Pin: 302004.
Região Norte: Plot 2, Sector E, Aliganj, LUCKNOW - Postal Pin: 226024
Região Central: Block A, Seminary Hills, NAGPUR - Postal Pin: 440006
Região Sul: Bandlaguda, HYDERABAD - Código postal: 500068
Região do Nordeste: Nongrim Hills, SHILLONG - Código postal: 793003.
Nova Deli: Pushpa Bhavan, L B Sastri Road, NEW DELHI - Postal Pin: 110062
Controlador das publicações: Civil Lines, NEW DELHI - Postal Pin: 110054.

É possível obter geoinformação valiosa sobre temas especializados em publicações especiais, publicações diversas e catálogos. Por exemplo, o Inventário dos Glaciares dos Himalaias (Publicação do GSI, 1999)[13] , para além de apresentar o mapa principal dos glaciares de diferentes bacias dos Himalaias (sob territórios indianos), projecta contribuições do trabalho do GSI e a atualização dos conhecimentos sobre a cobertura de gelo dos Himalaias e a sensibilização para a documentação da massa de gelo perene dos Himalaias. Trata-se de um catálogo pormenorizado dos glaciares em importantes bacias dos Himalaias e regista as melhores estimativas disponíveis de vários parâmetros de inventário. A publicação apresenta a localização de bacias e rios de grande ordem com origem nos Himalaias. Com a continuação do trabalho, foi posteriormente publicada uma versão actualizada (GSI Publication, 1999)[17] com mais dados. Um mapa geológico atualizado compilado dos Himalaias do Butão foi publicado com a autorização da DG, do GSI e do Governo Real do Butão e apresentado com a publicação especial do GSI (1995)[9] intitulada "The Bhutan Himalayas - A Geological Account".

A divisão de geofísica da GSI foi criada em meados da década de 1940 e, antes de 1970, só se efectuavam levantamentos geofísicos terrestres. O compêndio (GSI

Publication, 1996a)[10] apresenta o trabalho de investigações geofísicas em depósitos metálicos e não metálicos e em estudos geofísicos de engenharia e de águas subterrâneas. A publicação apresenta mapas de Gravidade Bouguer predominante, mapas de anomalias magnéticas (VF) de regiões/áreas, mapas de Gravidade Residual e mapas de travessias geofísicas de bacias e regiões. A publicação também apresenta mapas de contorno de anomalias, mapas de carga IP de áreas de cinturões minerais. No final da década de 1960, foi inaugurado um capítulo de levantamentos geofísicos aéreos em áreas de escudo do país. De tempos a tempos, a GSI tem vindo a publicar catálogos actualizados com as informações mais recentes sobre a disponibilidade de mapas geofísicos aéreos da GSI ao abrigo de diferentes programas para beneficiar as comunidades geocientíficas que se aproximam/se aventuram a obter um grande valor acrescentado na sua intenção de realizar levantamentos de recursos minerais. O compêndio de quatro décadas de atividade geofísica na GSI (GSI Publication, 1996a)[10] apresenta uma descrição pormenorizada dos levantamentos geofísicos efectuados pela GSI e pela GSI em colaboração com outras instituições geofísicas importantes.

O enorme trabalho da GSI no domínio da exploração mineral, que tem sido constantemente desenvolvido, foi compilado e publicado na Misc Publications No 30 - GSI Publication (Series)[20] intitulada "Geology and Mineral Resources of India", em várias partes para diferentes estados da Índia e também como Publicações Especiais. Uma dessas publicações da GSI (2015)[19] é "Recent Development in Metallogeny and Mineral Exploration in Rajasthan" (Desenvolvimento recente em metalogenia e exploração mineral no Rajastão). A GSI, sendo a organização pioneira na exploração de carvão e lenhite na Índia, lançou várias publicações sobre o cenário dos combustíveis fósseis desde a localização dos recursos até ao desenvolvimento planeado e ao crescimento fenomenal da produção de carvão na Índia. Uma dessas publicações da GSI (2001)[14] apresenta uma descrição pormenorizada da pesquisa de minerais, desde a ocorrência até à exploração e estado da exploração mineira, incluindo estudos sobre a evolução da bacia e aspectos ambientais, com mapas.

A publicação do GSI, (1996c)[12] sobre "Geothermal Energy in India" apresenta as províncias geotérmicas da Índia e o mapa do padrão de fluxo de calor que mostra as variações litosféricas, juntamente com mapas geológicos generalizados das localidades termais. As memórias apresentam a geologia pormenorizada, a lito-estratigrafia, a estrutura, o potencial mineral e outra geoinformação pormenorizada de uma vasta área/terreno/província do país, juntamente com mapas regionais e pormenorizados do potencial geológico e mineral de toda a região e de áreas mais pequenas de interesse geológico dentro da região, seleccionadas para investigação. Um exemplo é o GSI Memoir no. 126, (Bhushan e Chandrasekaran, 2002)[2] . Do mesmo modo, a bibliografia sobre temas especiais é contabilizada como publicações especiais. Publicação do GSI (1996b)[11] apresenta bibliografia sobre estudos da armadilha de Deccan.

O enorme trabalho de estudos marinhos do GSI é também apresentado em várias publicações. De tempos a tempos, realizam-se seminários para publicar coletivamente o trabalho do GSI em geociências marinhas nas décadas imediatas. A publicação do GSI (2002)[15] apresenta a contribuição e as actividades do GSI no domínio das geociências marinhas em estudos geológicos marinhos ao longo da costa ocidental (Mar Arábico) e da costa oriental (Baía de Bengala) da Índia. Estão igualmente disponíveis muitas outras publicações sobre investigação marinha e estudos "fora da costa" (GSI Publication, 1989)[7] . Estas publicações fornecem alguns dos mapas batimétricos e morfo-estratigráficos das regiões costeiras, mapas de distribuição de elementos e óxidos ao longo da costa.

Além disso, são também compilados e disponibilizados mapas geomorfológicos (com características do tipo de solo, formas do terreno, etc.); mapas de utilização do solo com zonas propensas a inundações e zonas alagadas; mapas geotécnicos (com localização de posições/ focos de sismos, magnitude de sismos, pontos de deslizamento de terras e locais de investigação geotécnica) à escala de 1: 1 milhão.

O índice das publicações da GSI é publicado periodicamente. Por exemplo, após a publicação anterior do Índice de Memórias em 1932 e do Índice de Registos em 1935, a publicação GSI (1981)[6] apresenta um índice de informação colectiva sobre Memórias (1860-1972), Registos (1869-1973), Misc. Pubs (1958-1974), Boletins (1950-1973).

A publicação GSI (1992)[8] apresenta um mapa sísmico e do domínio neotectónico dos Himalaias a noroeste, um mapa isossísmico do sismo registado, juntamente com um mapa geológico e tectónico da área; o outro registo sobre o sismo de Kutch (Bhuj), de 26 de janeiro de 2001, apresenta relatos pormenorizados com isossismos de alta intensidade do sismo e um mapa sismotectónico da região (publicação GSI, 2003)[16] . Os mapas acima descritos são apenas alguns exemplos, quer isolados quer inseridos em publicações da enorme riqueza cartográfica da GSI.

Uma Divisão de Impressão de Mapas (MPD) de última geração, a funcionar na sede da Região Sul, em Hyderabad, foi fundamental para a publicação de mapas de alta precisão, inicialmente em formato analógico em papel (até à década de 1990) e, mais tarde, transformados em modo digital, seguindo técnicas cartográficas digitais actualizadas neste centro de processamento digital. Muitos dos mapas acima descritos foram concebidos e publicados neste centro. Alguns dos Atlas publicados pelo MPD são exemplos clássicos do estado da arte das publicações na geração de mapas. Por exemplo, o Atlas Mineral da Índia (2001) apresenta um mapa mineral das regiões delimitadas entre 4° de latitude e 6° de longitude numa escala de 1:2 milhões com legenda, índice mineral e mapas-chave. Este atlas será de grande utilidade para os utilizadores na remoção dos obstáculos enfrentados pelas indústrias minerais. Do mesmo modo, o "Atlas sismotectónico da Índia e dos seus arredores", publicado no ano 2000, contém 42 mapas (à escala de 1:1 milhão), cada mapa cobrindo a área delimitada entre 4° de latitude e 3° de longitude, com uma descrição por folha e ilustrações de texto com dados disponíveis relacionados com tremores de terra que ajudariam na análise sismotectónica como contributo para a avaliação do risco sísmico. Os mapas da base de dados multitemáticos deverão ser actualizados posteriormente e cada mapa suscitará o interesse pela prossecução de novas linhas de investigação e pela tectonofísica dos tremores de terra. Do mesmo modo, estão a ser elaborados no MPD atlas sobre outros temas importantes de interesse geológico.

Políticas de divulgação do GSI:

O Governo da Índia define periodicamente políticas de divulgação para a partilha/ extensão de mapas publicados/ não publicados (analógicos e digitais) e de dados geocientíficos aos interessados através de um portal Web, de acordo com categorias como os utilizadores gerais, os interessados com boa reputação, incluindo as organizações governamentais ligadas à exploração mineira, à prospeção e à investigação, e os que se dedicam ao planeamento de infra-estruturas, à gestão dos riscos naturais e a outros desenvolvimentos sociais. Certos mapas, especialmente de áreas restritas, são divulgados com a autorização do Survey of India e após autorização do Ministério da Defesa, Governo da Índia. É necessário aplicar formalidades processuais na utilização e referência a esses dados cartográficos. A política de divulgação aprovada é periodicamente carregada no portal (GSI Web Portal, 2011c)[24] . Os utilizadores podem consultar a política de divulgação mais recente do Governo da Índia/Serviço Geológico da Índia para obter/partilhar dados GSI sob qualquer forma.

CAPÍTULO - IV: COMPREENSÃO DOS MAPAS

Atualmente, com a evolução da produção de mapas digitais, é necessário compreender completamente o conceito e a complexidade dos componentes do mapa para manter sempre uma precisão de 100% na produção de mapas. A cartografia geológica, na sua essência, é o registo fiel de observações sobre as exposições rochosas, traçando-as num mapa de base e interpretando logicamente as observações no sentido de desvendar a sua história evolutiva.

Um mapa é uma representação à escala da superfície terrestre, contendo informações sob a forma de gráficos. É um meio de comunicação com o utilizador. A arte de fazer mapas chama-se cartografia. Existem dois tipos de mapas: um mapa real, que tem uma forma permanente de visualização e é convencionalmente desenhado ou impresso; o outro mapa virtual, que é digital. Dependendo da variação da escala de um mapa, a quantidade de detalhes retratados varia. Por exemplo, um mapa de pequena escala (RF > 1/ 2, 50.000), mostra menos detalhes; mapas de grande escala (RF 1:50.000 a 1: 25.000) mostram maiores detalhes porque a fração representativa é maior.

Os tipos de mapas variam de acordo com o objetivo ou os temas, nomeadamente:

(a) Mapas físicos ou naturais: - (i) mapas orográficos ou de relevo; (ii) mapas batimétricos; (iii) mapas geológicos; (iv) mapas climáticos; (v) mapas de vegetação natural; (vi) mapas de solos; (vii) mapas meteorológicos; (viii) mapas astronómicos

(b) Mapas culturais: - (i) Mapas económicos mostram a distribuição de minerais importantes, produtos agrícolas e industriais, e linhas de transporte e comunicação; (ii) Mapas políticos; (iii) Mapas históricos; (iv) Mapas sociais retratam elementos como a língua, casta, grupos étnicos e religião; (v) Mapas de utilização do solo

Em todos os mapas, a localização e a distribuição de várias características e factos observáveis são representadas utilizando elementos cartográficos comuns, nomeadamente escala, distância, direção, sinais e símbolos convencionais. Para ter alguma utilidade, um mapa deve ter uma escala coerente. Os mapas topográficos constituem a base de outros mapas, nomeadamente mapas geológicos, etc., em que a informação é traçada e registada nos mapas topográficos com detalhes variáveis, dependendo da escala.

Outras características importantes dos mapas são os símbolos - ponto para indicar a localização ou linha para representar uma caraterística linear. Para além disso, os elementos de área são aqueles que representam elementos com uma extensão aérea considerável em relação à escala do mapa. Tanto os tipos qualitativos como quantitativos podem assumir as formas de ponto, linha e área.

Um sistema de coordenadas é um meio gráfico de localizar qualquer ponto no mapa, com um par de coordenadas para cada ponto que dá posições relativamente ao eixo X e ao eixo Y. Existem muitos tipos de sistemas de coordenadas utilizados em mapas, mas os mais comuns são o sistema de coordenadas geográficas (latitude-longitude) e o sistema de coordenadas cartesianas (UTM e grelhas locais). No sistema de coordenadas geográficas, a localização de um lugar (ou ponto) num mapa é referida em termos de um par de coordenadas, ou seja, a intersecção da latitude e da longitude que passa por esse ponto. Latitude é a distância angular de um lugar a norte ou a sul do equador (uma linha imaginária paralela ao equador no sentido este-oeste) em relação ao equador. A longitude é a distância angular de um lugar a leste e a oeste do meridiano de referência (uma linha imaginária que liga os pólos norte e sul da Terra e passa por Greenwich). Os valores das latitudes e longitudes são expressos em termos de graus, minutos e segundos. No sistema de coordenadas cartesianas, as referências de grelha definem localizações em mapas utilizando coordenadas cartesianas. A rede de linhas horizontais e verticais, ou seja, as coordenadas Este e Norte, é designada por Grelha.

Quando os mapas analógicos foram sendo lentamente transformados em modo digital, as características dos mapas foram trazidas para o modo digital, predominantemente em características de pontos, linhas e áreas, e foram projectadas em modos digitais controlados por software como o GIS, utilizando projecções de coordenadas precisas. A GSI passou por todas estas transformações no domínio da cartografia e da produção de mapas, que são brevemente analisadas nos capítulos seguintes.

Papel do Survey of India na produção de mapas

Qualquer artigo sobre mapas, especialmente mapas de ciências da terra, não pode deixar de reconhecer o papel do Survey of India, do Governo da Índia, que fornece mapas topo-base da maior precisão aos utilizadores registados de organizações e instituições de ciências da terra. Os topógrafos tentaram registar os pormenores quando a "compreensão do conhecimento geográfico" de áreas extensas era vaga. O Departamento de Topografia foi inicialmente criado em 1767 e, mais tarde, após a fusão de todos os departamentos localizados de forma diferente, foi designado "Survey of India" (SoI) em 1815. (Survey of India Publication, 1950)[27] .

O departamento realizou um levantamento distinto em 1794; avançou para a realização de um levantamento topográfico em 1799 com precisão matemática, lançando as bases para o futuro levantamento geral de todo o país segundo princípios científicos. Já em 1796, o SoI fez progressos na construção do Mapa Geral da Índia (Survey of India Publication, 1950)[27] .

[th]Em primeiro lugar, o SoI efectuou levantamentos topográficos de *1"* a 1 milha até ao final do século XIX e os mapas a essa escala foram produzidos numa base topográfica de uma só cor (preto), com características representadas por hachuras. Progressivamente, foram impressos mapas topográficos primários do país de 1" a 1 milha, com representação das características topográficas por curvas de nível e mapas (Agarwal, 1993)[1] . Após a passagem para o sistema métrico de cartografia em 1956, as escalas em que os mapas deviam ser cartografados e impressos passaram a ser métricas, ou seja, 1:25000, 1:50000, 1:250000 em vez de 2" a 1 milha', 1" a 1 milha e ¼" a 1 milha (Agarwal, 1993)[1] . Com a conclusão do levantamento topográfico 1:50000 de todo o país em 1982 e a cartografia em 1985, a Índia juntou-se ao grupo restrito de países, por assim dizer o principal país com uma vasta área, que possui uma cobertura cartográfica completa à escala nacional de 1:50000 com mais de 5000 folhas. Com a evolução matemática das projecções cartográficas e a migração para o programa de cartografia digital, o SoI criou uma base de dados topográficos digitais nacionais à escala 1:25000 e a cartografia digital tomou um rumo firme (Survey of India Publication, 1993)[28] .

Mais tarde, o SoI passou por várias fases de avanço na cartografia e na tecnologia de elaboração de mapas, desde a fotogrametria analógica convencional, métodos automatizados, método do terreno digital até à cartografia assistida por computador (CAC); até à fase de criação de bases de dados cartográficos nacionais e de SIG para satisfazer as exigências dos utilizadores. Com a iniciação já nos anos 80, mais tarde com a criação da base GIS, a criação de um centro cartográfico moderno e de um centro de mapas digitais, o SoI continua a permitir a coexistência dos métodos clássico e CAC (Agarwal, 1993)[1] .

A Survey of India dedica-se ao avanço da teoria, da prática, da recolha e das aplicações de dados geoespaciais e promove um intercâmbio ativo de informações, ideias e inovações tecnológicas entre os produtores e os utilizadores de dados, que terão acesso a esses dados com a maior resolução possível num ambiente quase em tempo real (http://www.surveyofindia.gov.in)

CAPÍTULO - V: MEIOS ELECTRÓNICOS NA DIFUSÃO DE DADOS

Com o aparecimento dos meios de comunicação electrónicos a substituir os meios de comunicação impressos, a GSI deu um novo passo na organização dos dados geoespaciais e na sua disponibilização através dos meios electrónicos à comunidade geocientífica. Por volta desta altura, em novembro de 2007, o Portal GSI nasceu e tornou-se imediatamente popular entre todos os geocientistas. O portal empresarial GSI (www.portal.gsi.gov.in) foi construído e desenvolvido como uma rede de organização (WAN), bem como na web mundial simultaneamente. Mais tarde, o GSI transformou-se num centro web mais avançado para o utilizador no âmbito do projeto OCBIS (www.gsi.gov.in) que gere o vasto volume de Geoinformação gerado pelo GSI, com base nas suas novas políticas de divulgação. Os desenvolvimentos destes dois incríveis e importantes saltos do GSI são discutidos nas páginas seguintes.

Portal GSI

O Portal GSI foi implementado para divulgar a informação publicada pelo GSI na sua totalidade aos utilizadores da intranet e da Internet. Os enormes dados recolhidos através da cartografia geológica sistemática à escala de 1:50.000 são acumulados sob a forma de aplicações RDBMS, que são utilizadas para armazenar informações sobre atributos geocientíficos em muitos domínios. Os dados podem ser recuperados sob a forma de consulta, pesquisa e localização para visualização da informação em formatos tabulares e gráficos. Atualmente, o 50K GMS está disponível apenas para utilização na Intranet (organização). Outros organismos podem ter acesso através de aquisições, se for caso disso. Com a flexibilização da política de divulgação de tempos a tempos, o acesso a essas informações pode tornar-se fácil no futuro no "serviço de mapas na Internet" da GSI. Existe uma ampla margem de manobra para acrescentar à base de dados existente dados provenientes de trabalhos recentes da GSI que abrangem outros domínios, nomeadamente geoquímico, geofísico, etc., no armazém Web da GSI.

É assim que a página inicial típica do Portal GSI costumava aparecer: (Fig.1)

Fonte: www.portal.gsi.gov.in, atualmente migrado para www.gsi.gov.in

Ao navegar no Portal GSI [21](https://www.gsi.gov.in/webcenter/ portal/OCBIS), a partir do seu número de serviços e informações úteis, o utilizador pode visualizar e consultar muitas das seguintes publicações: Boletim Séries A, B e C, Memórias, Paleontologia Indica - Antiga e Nova. Publicações especiais, Publicações diversas, Minerais indianos, Séries de catálogos, Séries de manuais e muito mais, assim como os mais valiosos relatórios não publicados do GSI, juntamente com mapas geológicos em diferentes escalas.

A figura 2 abaixo mostra como os mapas geológicos análogos típicos (mostrados como um esboço) aparecem no repositório de dados antigo.

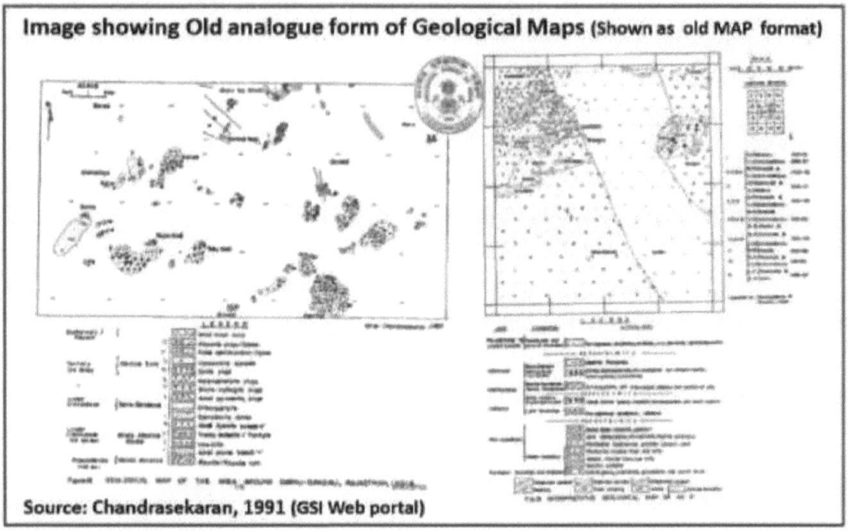

Fig.2. Fonte: www.gsi.gov.in

Por exemplo, algumas das publicações/relatórios disponíveis que podem ser recuperados e visualizados para referência no sítio Web da GSI são apresentados nas Figuras 3 e 4 abaixo.

Figs. 3 e 4. Fonte: www.gsi.gov.in

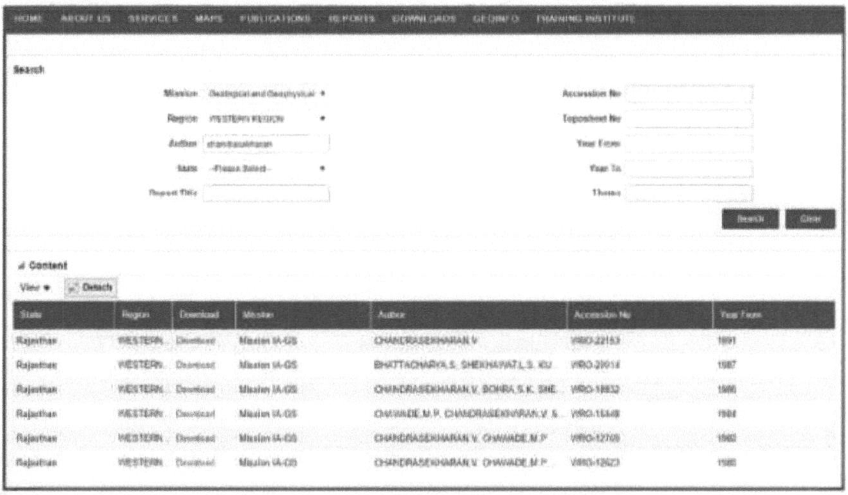

O utilizador pode também fazer uma pesquisa detalhada na Web e obter cada vez mais informações, consoante as suas necessidades. Após a transformação do GSI para o modo de missão, os dados gerados são armazenados como classificados.

Missão I: Geociências de base, recolha de dados

- Sondagens terrestres e marítimas

. Deteção remota e levantamentos aéreos

Missão II: Avaliação dos recursos naturais

- Avaliação dos recursos minerais naturais
- Energia natural Recursos minerais

Missão III: Geoinformática

- Repositório e gestão de dados, etc.
- Publicação e Informação, Biblioteca
- Integração de mapas, geoinformática e dados

Missão IV: Geociências Multidisciplinares

- Gestão geotécnica e de riscos geológicos
- Alterações climáticas e ecossistemas, etc.
- Geociências fundamentais e investigação

Missão V: Formação e reforço das capacidades

- Formação e reforço das capacidades

Alguns exemplos apresentados a seguir levam o leitor a reconhecer a "disponibilidade de dados por missão" no portal GSI. (Fig. 5). Tal como documentado anteriormente, o utilizador deve obter informações sobre a regulamentação em vigor relativa à utilização dos dados GSI.

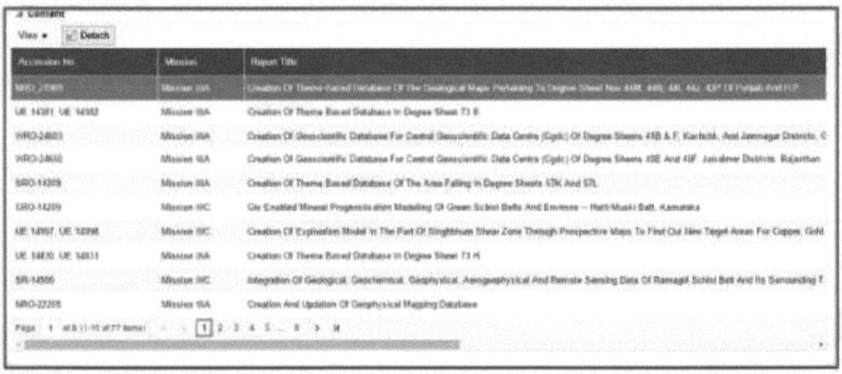

Fig.5. Fonte: www.gsi.gov.in

O mapa predominante e os produtos de publicação também podem ser recuperados do portal GSI (www.gsi.gov.in) para referência, como revelam as Figs. 6 e 7.

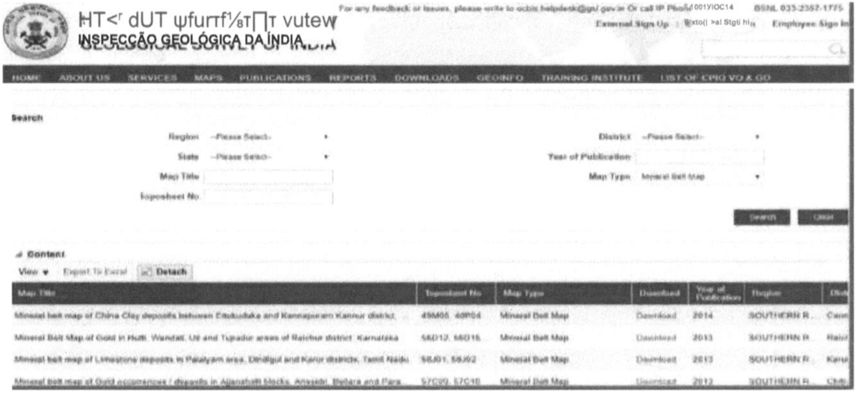

Figuras 6 e 7. Fonte: www.gsi.gov.in

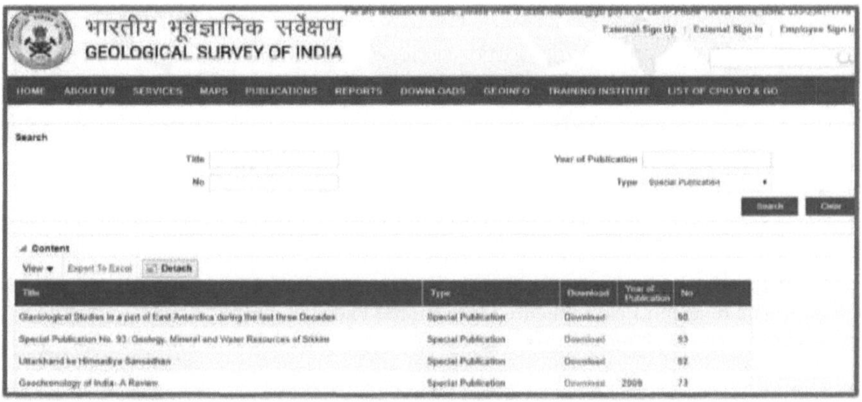

CAPÍTULO - VI: PRODUTOS CARTOGRÁFICOS COMPILADOS DA GSI

Produtos de mapas

Os mapas que podem ser consultados no portal GSI (www.gsi.gov.in) para referência, em formato analógico, são os seguintes

Mapas que cobrem toda a Índia: Estão disponíveis mapas que cobrem toda a Índia sobre diferentes temas, como geologia, geomorfologia, hidrogeologia, tectónica, metalogenia, meteoritos, etc., em várias escalas (por exemplo, 0,5 a 5 milhões).

Serviço de mapas interactivos de 2 milhões: Geologia generalizada e informação metalogénica da Índia como um serviço de mapas interativo.

Mapa Geológico Quadrangular: (escala 1:250000) Cada mapa desta série publicado desde a década de 1990 cobre uma área de 1 por 1, representando a litologia, os recursos minerais, a história geológica e as zonas de risco natural potencial. (Fig. 8)

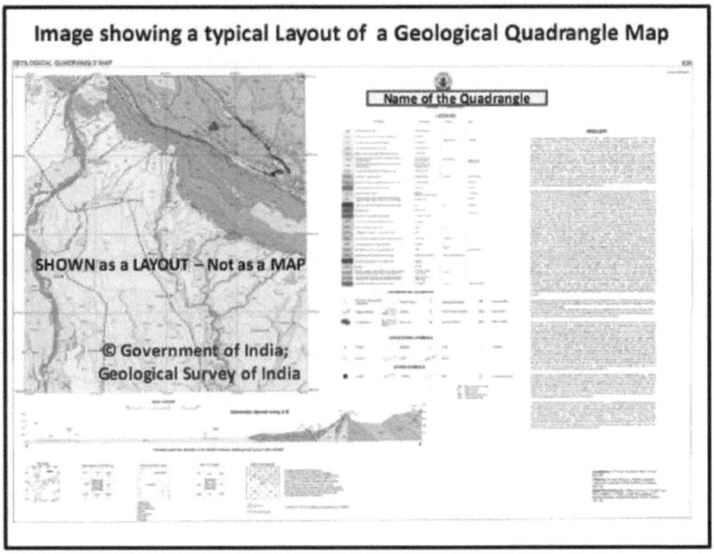

Fig. 8. Fonte da imagem: Procedimento Operacional Padrão, - Mapa Compilação: (portal Web do GSI: www.gsi.gov.in) [25]

Mapa de recursos distritais: (principalmente à escala 1:250000) Esta série fornece informações espaciais multitemáticas sobre geologia e minerais, geomorfologia, tipo de solo, uso da terra, características geotécnicas, riscos geológicos (conforme aplicável na área do mapa) e potencialidades naturais dos distritos, juntamente com legenda, estrutura, localização dos minerais e uma nota explicativa. (Fig.9)

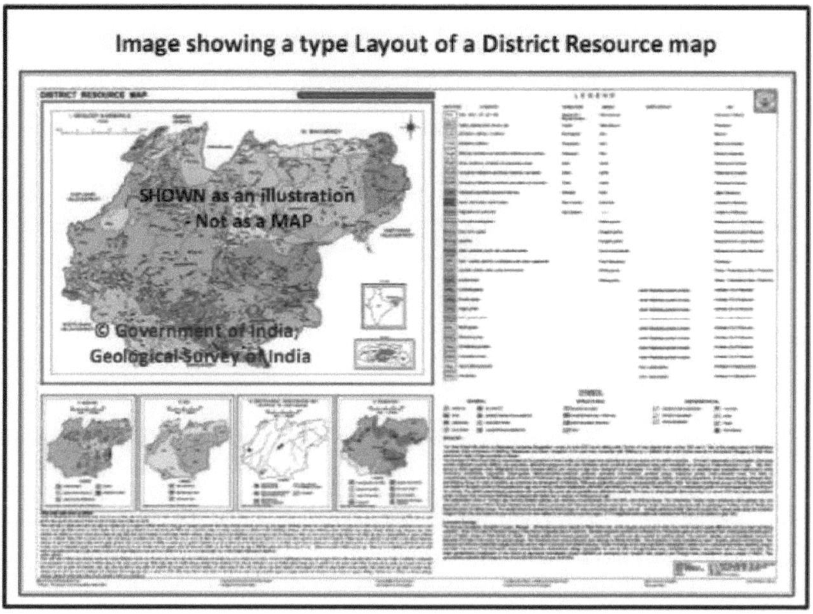

Fig. 9. Fonte da imagem: Procedimento Operacional Normalizado, - Mapa Compilação: (portal Web do GSI: www.gsi.gov.in) [25]

Mapa de Cinturões Minerais (publicados e não publicados); publicados predominantemente numa escala de 1:50.000, estes mapas mostram a geologia de cinturões minerais importantes e promissores, juntamente com informações completas sobre a ocorrência. (Fig.10)

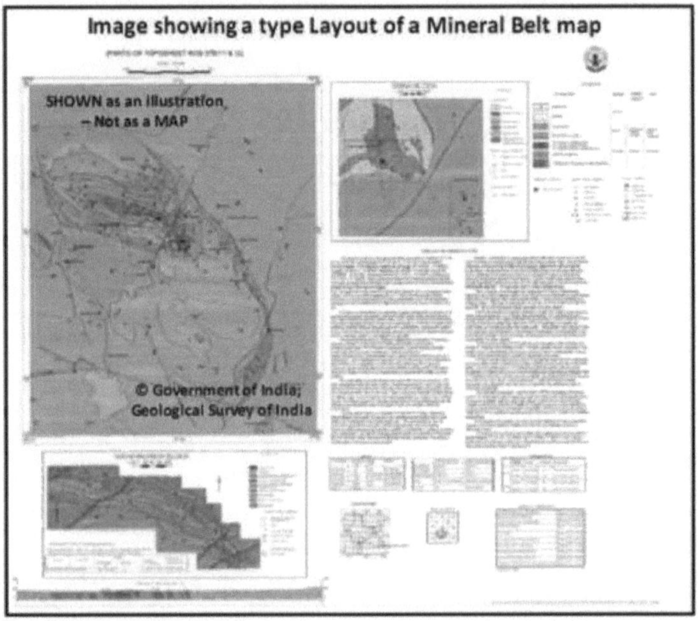

Fig. 10. Fonte da imagem: Procedimento Operacional Normalizado, - Mapa Compilação: (portal Web do GSI: www.gsi.gov.in) [25]

Mapas geológicos e minerais dos Estados e da região: (escalas variáveis viz. 0,5, 1, 2 milhões): Esta série de mapas inclui normalmente pormenores sobre a história geológica dos estados, juntamente com informações sobre os recursos minerais com uma legenda clara, pormenores estruturais e índice mineral. (Fig.11)

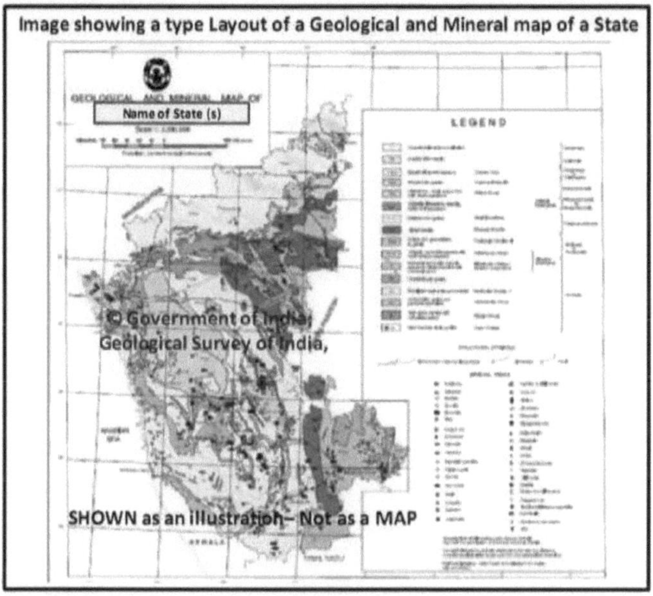

Fig.11. Fonte da imagem: Procedimento Operacional Padrão, - Mapa Compilação: (portal Web do GSI: www.gsi.gov.in) [25]

Mapa marinho (não publicado): Os mapas marinhos apresentam a distribuição dos sedimentos superficiais, a batimetria, o potencial de recursos minerais offshore, a micro-paleontologia marinha, etc., principalmente num formato de 2° por 2°. (Fig. 12)

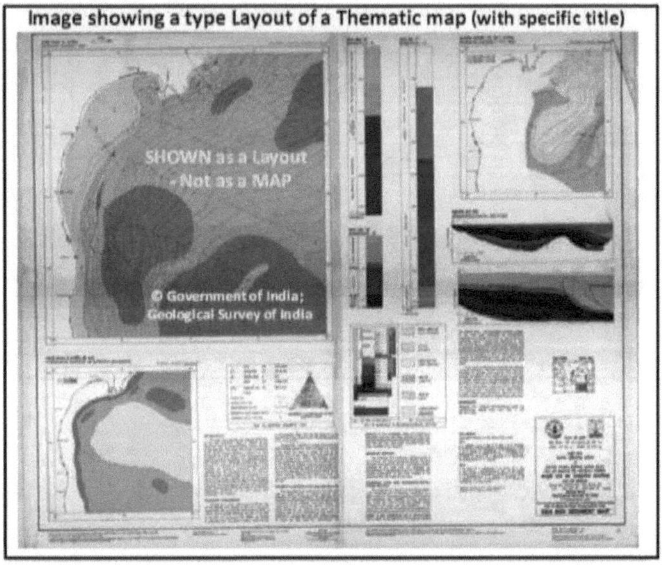

Fig.12. Fonte da imagem: Procedimento Operacional Normalizado-Compilação de Mapas: (portal Web da GSI: www.gsi.gov.in) [25]

Mapa de jazidas de carvão (não publicado): Estes mapas retratam os domínios tectónico-sedimentológicos da bacia com localizações de furos de sondagem e veios de carvão regionais. Mapas Geológicos e Minerais do Estado publicados juntamente com a Publicação Diversa n.º 30; os Mapas Geológicos e Minerais dos Estados são também publicados numa série de mapas separada.

A cartografia geológica de base na GSI é efectuada à escala 1:50.000. Estes dados de base são compilados a escalas mais pequenas e são gerados vários mapas de produtos derivados. Uma destas compilações muito importantes é a Geologia da Índia à escala de 1:2 milhões. Este "Mapa Geológico da Índia" foi publicado em 1998 sob a forma de um mapa em papel com informações geológicas compiladas. Através deste serviço cartográfico, o utilizador pode obter conhecimentos sobre a geologia geral do país.

O documento de base (GSI Publication, 2011b)[23] do GSI intitulado "Estratégia futura para a geoinformática e a gestão de dados em organizações relacionadas com as ciências da terra" apresenta a situação da informação de dados geoespaciais e a estratégia futura para a geoinformática e a gestão de dados. O GSI, detentor do maior conjunto de dados na Índia, deu os primeiros passos para organizar os dados geoespaciais e colocá-los à disposição da comunidade geocientífica. Existem centenas de agências utilizadoras de dados geoespaciais que utilizam aplicações nos domínios dos recursos naturais, imobiliário, saúde pública, cartografia criminal, defesa, desenvolvimento sustentável, arquitetura paisagística, planeamento regional, transportes, logística e muitos outros. Há um esforço concertado para integrar a tecnologia da informação como um facilitador em todos os aspectos, como a integração de dados multidisciplinares, a interoperabilidade, a gestão do conhecimento, a colaboração e a divulgação. O objetivo é criar dados espaciais dinâmicos disponíveis através da Web. O documento elucida os possíveis domínios de dados espaciais e a sua integração na arquitetura da Web, o modelo concetual da arquitetura e da infraestrutura em termos de conetividade, a criação de uma plataforma SIG comum que possa ser utilizada por todas as organizações e que torne significativos os futuros mapas temáticos de diferentes fontes.

O vasto volume de dados geocientíficos recolhidos ao longo dos últimos 165 anos exigia uma gestão eficiente através de um arquivo digital centralizado, ao qual se pudesse aceder e partilhar com a comunidade em geral através de uma autoestrada da informação. O GSI iniciou um projeto para construir uma rede para toda a organização (WAN) e o GSI Enterprise Portal (www.portal.gsi.gov.in). O portal, que existe desde novembro de 2007, serve de meio de armazenamento e divulgação de dados. Foi implementado para divulgar a informação publicada do GSI na sua totalidade aos utilizadores da Internet e informação não publicada sob outra forma. Os dados geoespaciais da GSI podem ser agrupados em três componentes predominantes, a saber: (i) O Portal de Informação GSI (GIP), disponível na World Wide Web, que fornece basicamente informações sobre as actividades da GSI, os seus produtos e serviços. Também fornece informações sob a forma de pesquisa, mapas GSI, relatórios GSI, publicações; (ii) Base de dados geocientíficos, uma aplicação RDBMS utilizada para armazenar informações sobre atributos geocientíficos nos 11 domínios, nomeadamente mapa 1:50 000, exploração, investigação geoquímica, perfuração, carvão,

Investigação geofísica, foto-geologia e teledeteção, geologia ambiental, riscos naturais (deslizamentos de terras, sismos e inundações), análise de amostras de rocha (petrologia, paleontologia e geotecnia), dados relacionados com as ciências marinhas e (iii) SIG empresarial: através do qual os utilizadores da Intranet/Internet podem beneficiar de diferentes níveis de acesso que permitem procurar, localizar e visualizar rapidamente informações geocientíficas geradas pelo GSI.

O documento de base (GSI Publication, 2011b)[23] , refere ainda que, sendo uma organização nacional de cartografia e levantamentos, a GSI lida com um vasto volume de dados geoespaciais - a maioria dos quais ainda se encontra em formato analógico associado a milhares de relatórios não publicados. Atualmente, o domínio de atividade da GSI ultrapassa a barreira da geologia pura e da exploração mineral e centra-se também em questões sociais e no desenvolvimento sustentável dos recursos naturais. A gestão manual destes dados espaciais multitemáticos tornou-se cada vez mais difícil sem a imposição de normas organizacionais e de uma infraestrutura adequada. Para resolver este dilema, a GSI criou um sistema GIS empresarial Intranet, que está a ser utilizado para reunir e consolidar os seus dados geológicos existentes mapeados à escala 1:50.000 com um sistema de consulta baseado num navegador para visualizar e consultar a base de dados geográfica multi-utilizador, tal como acabou de ser referido. O GSI passa a adotar estratégias que permitem a utilização de conjuntos de dados interoperáveis por várias organizações nacionais de geociências. O objetivo é reunir e compilar dados gerados através de projectos de Mapeamento Geoquímico Nacional (NGCM) e Mapeamento Geofísico (GPM) num ambiente GIS-RDBMS - integrando e publicando estes dados volumosos através de serviços Web GIS. O referido documento de base (GSI Web Portal, 2011b)[23] regista igualmente a importância de desenvolver os seguintes domínios de bases de dados mencionados.

Bases de dados relacionadas com as ciências da Terra

As bases de dados disponíveis são: Mapa geológico contínuo de todo o país à escala 1:50.000 numa geodatabase multiutilizadora desenvolvida na plataforma ArcSDE-Oracle com diferentes níveis de pesquisa e capacidades de extração de dados com facilidades de exportação de normas XML/GML/KML; Mapas de anomalias geoquímicas (GCM) de 68 elementos de amostras de sedimentos de cursos de água para todo o país; Mapas de anomalias de elementos gerados a partir de amostras de solo, regolito, húmus e água de algumas partes do nosso país; Mapa geofísico sem descontinuidades (GPM) de dados gravimétricos e magnéticos abrangendo todo o país; dados aerogeofísicos sobre cobertura magnética e multisensor em algumas partes do país; mapa geomorfológico e de lineamentos sem descontinuidades de todo o país em geodatabase multiutilizador e dados do terreno de toda a Índia com características geográficas em esferoide WGS84 e datum de acordo com as especificações SOI. Isto é necessário para ter uma camada de base para todos os serviços de mapas gerados por diferentes organizações relacionadas com as ciências da terra que utilizam como base as toposheets SOI. Dados de exploração no sistema de coordenadas do mundo real (Lat-Long) para blocos de exploração, amostras geoquímicas, dados de perfuração, incluindo estimativas de grau, reserva de prospectos, se existirem. Isto também inclui todos os minerais, carvão, metano de jazidas de carvão, etc. Dados relacionados com o sistema de registo de propriedades, com os limites das propriedades, o tipo de propriedade, toda a informação sobre as propriedades, as camadas geológicas, os mapas de faixas minerais e os depósitos/perspectivas minerais. Dados relacionados com as ciências marinhas (batimetria, geofísica e geoquímica marinhas, sedimentos do fundo do mar, recursos minerais, hidratos de gás, riscos geológicos marinhos, etc.). Mapa hidrológico contínuo da Índia, lençóis freáticos, qualidade da água e caraterização de aquíferos; qualidade do solo e mapa de fluxo de calor de todo o país.

Bases de dados relacionadas com os perigos

Este conjunto de dados é principalmente um conjunto de dados derivados de alguns dos conjuntos de dados acima mencionados e são, em certo sentido, mapas colaborativos e podem ser derivados, se for implementada uma facilidade como "faça o seu próprio mapa". No entanto, como os perigos envolvem o público em geral, propõe-se a disponibilização de um conjunto pronto a usar. Alguns destes conjuntos de dados são os seguintes Dados e atributos de sismos recentes e históricos provenientes de catálogos publicados (ISC/NEIC) e dados gerados pelo Departamento Meteorológico da Índia (IMD), com vista a que a aplicação disponha das seguintes facilidades: atualização de dados de sismos em tempo real e plotagem em mapas (Atlas Sismotectónico da Índia como base); análise tectónica, previsão e alerta de perigos; dados digitais do Atlas Sismotectónico da Índia com domínios tectónicos; falhas activas, dados de ocorrência de sismos; altura do subsolo; anomalia de gravidade de Bouger e outros.

Mapas de falhas activas, abrangendo os estudos realizados pelo GSI e outras agências, fornecem códigos de construção resistentes a sismos, sensibilização do público em tempo real para a ocorrência de sismos e alerta de tsunami, conforme aplicável; análise da vulnerabilidade sísmica de terrenos em toda a Índia para fins de engenharia e outros. A localização de incidências de deslizamentos de terras no passado e no presente, com atributos salientes e atualização em tempo real das ocorrências no mapa tectónico da Índia, bem como possíveis recomendações para reduzir as incidências e alertas futuros, também devem ser apontados.

Bases de dados com ou sem estrutura

Para além disso, a preparação de um conjunto de dados cartográficos nacionais melhorados que constituam os dados do quadro e os dados não-quadro que incluam dados temáticos das organizações participativas numa série de escalas tais como 1:250.000, 1:50.000, 1:25.000 (ou talvez 1:12.500), 1:100.000, 1:1 milhão e 1:2 milhões. O quadro representa "dados - em que se pode confiar" - os melhores dados disponíveis para uma área, certificados, normalizados e descritos de acordo com normas comuns. Fornece uma base sobre a qual as organizações podem construir, acrescentando os seus próprios pormenores e compilando outros conjuntos de dados. Estes dados podem ser acedidos através de um portal de portais (portal de geociências), permanecendo o utilizador entre as fontes distribuídas.

CAPÍTULO - VII: SÉRIES DE MAPAS DIGITAIS

Série de mapas 50K

A utilização de informação espacial tornou-se uma componente crítica para quase todas as formas de atividade humana. O avanço da tecnologia da informação revolucionou a utilização de dados geoespaciais e, atualmente, estes constituem a informação de base para o planeamento e a implementação de estratégias nacionais. A comunidade de utilizadores, que inclui o governo, a indústria, o meio académico e as ONG, tem abordado todas as agências nacionais de cartografia para disponibilizar dados num padrão e formato comuns. Existe também uma pressão constante para que as decisões sejam tomadas de forma mais rápida e sensata, reduzindo simultaneamente os custos.

A GSI, enquanto agência nacional de investigação no domínio das geociências, tem vindo a desenvolver ativamente um projeto que visa a criação de um repositório central de dados digitais. Estes projectos estão em consonância com o mandato da GSI, ou seja, criar e manter bases de dados de ciências da terra geradas através de cartografia geológica, geofísica e geoquímica, exploração e avaliação de recursos minerais e energéticos e atuar como repositório nacional de dados de ciências da terra gerados por várias organizações e divulgá-los no domínio público para necessidades de desenvolvimento, educativas e sociais. O GSI reconheceu a importância dos metadados e começou a criar aplicações de metadados para os produtos analógicos, o repositório e outros serviços. Estão atualmente em curso esforços semelhantes para toda a gama de mapas em papel publicados pelo GSI. A rede GSI e o projeto de portal foram passos no sentido de uma automatização, colaboração, partilha e divulgação mais rápidas dos dados. Previa-se que a rede GSI fornecesse a "autoestrada da informação" através da qual o portal GSI funcionaria e serviria de nó da agência para a infraestrutura nacional de dados espaciais (NSDI).

Para acompanhar o ritmo do tempo e satisfazer a procura crescente de informações geológicas, incluindo o tesouro de mapas geológicos disponíveis, a GSI passou rapidamente à conversão de mapas analógicos para o modo digital, para além de armazenar a sua literatura anterior no seu portal como imagens raster. O GSI colaborou com outras organizações especializadas, nomeadamente o ITC, Países Baixos, e partilhou os conhecimentos mutuamente adquiridos sobre a elaboração de mapas digitais a uma velocidade rápida, mantendo sempre uma precisão e exatidão muito elevadas durante o processo de conversão digital. Em colaboração com o ITC, Países Baixos, foram realizados no GSI Training Institute, Hyderabad, inicialmente no âmbito do projeto INDIGEO e, mais tarde, no próprio Centro de Formação em Geoinformação e Gestão do GSI, uma série de programas de formação sobre técnicas de SIG, cartografia de secretária e temas/temas conexos, a fim de familiarizar os profissionais de SIG com a conceção e a produção de mapas de alta qualidade utilizando sistemas baseados em computadores pessoais. No âmbito do projeto INDIGEO (ITC, Países

Baixos, 1999), foi disponibilizada uma informação e um procedimento completos para a produção e conceção de mapas em ambiente SIG[26] .

O GSI preparou e emitiu Procedimentos Operacionais Normalizados (PON) relativos à compilação e produção de mapas digitais, que estão disponíveis no sítio Web do GSI (GSI Web Portal, 2014)[25] para a sua tarefa em curso, em que o enorme volume de dados geocientíficos recolhidos há mais de 150 anos em diferentes domínios das ciências da Terra foi coligido, categorizado e divulgado através de mapas geológicos compilados em diferentes escalas e, a fim de acelerar a impressão de vários mapas geocientíficos, o departamento introduziu técnicas cartográficas digitais para o processamento e a produção de mapas. O POP sobre a compilação de mapas enuncia claramente as directrizes, nomeadamente a uniformidade na apresentação das características do mapa, o guia de cores, os símbolos, os códigos alfanuméricos e todas as outras características essenciais do mapa para a compilação de mapas geológicos a várias escalas e para vários temas. Uma das grandes tarefas do GSI é a compilação de séries de mapas geológicos à escala 1: 50000. Os dados geológicos recolhidos por vários geólogos ao longo do tempo são, em primeiro lugar, traçados na respectiva toposheet SoI, a escala 1:50000 mais procurada. Partes da área de uma única toposheet mapeada por diferentes geólogos são geologicamente combinadas através do agrupamento e compilação de dados para preparar um mosaico contínuo de mapa geológico 1:50K. É preparada uma única legenda para o mapa compilado. As litologias são apresentadas por ordem estratigráfica, utilizando a nomenclatura padrão formulada para todo o país. É compilada uma breve nota geológica na qual, para além da geologia, são também incorporadas informações sobre distritos e estados, fisiografia, características culturais, etc. Os símbolos alfanuméricos normalizados (para representar os tipos/formações geológicas das rochas) são assinalados para cada polígono (elemento geográfico). O esquema do mapa (esboço justo desenhado) é preparado de acordo com o formato programado da Série de Cartas Geológicas 1:50K, com o número da folha, a escala de barras lineares, o índice administrativo, o estado do mapeamento, um mapa de inserção que demarca a área da toposheet num mapa geológico à escala de 1:2 milhões, mapa principal, legenda e nota geológica.

Um layout típico de um mapa 1:50000 compilado digitalmente (mapa de amostra ilustrativo) é mostrado abaixo (Figs.13).

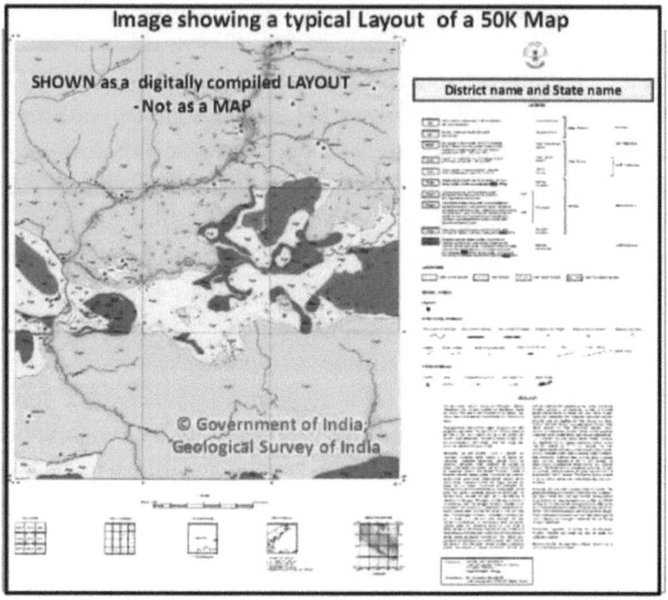

Fig. 13. Fonte da imagem: Procedimento Operacional Normalizado - Compilação de Mapas: (GSI web portal, 2014: www.gsi.gov.in)[25] .

Edição digital de mapas geocientíficos

Para satisfazer as necessidades dos empresários mineiros públicos e privados, planeadores, académicos e estudantes de Ciências da Terra, foram compilados, sintetizados, compilados digitalmente e produzidos pelo GSI outros produtos cartográficos, sendo um desses produtos cartográficos digitais - o Mapa Geológico Quadrangular (GQM) - aqui discutido.

Também são estabelecidas directrizes para a compilação da edição digital dos GQM (escala 1:250.000) e técnicas cartográficas digitais (GSI Web Portal, 2014)[25] como para a série de mapas 50K descrita anteriormente. Os GQMs são compilados a partir de todos os mapas geológicos disponíveis à escala 1:50.000, depois de devidamente importados para o ambiente ArcGIS. Os mesmos são geo-referenciados com o sistema de coordenadas geográficas (latitude-longitude) decimais em graus do mundo real, tomando pontos de controlo. Os dados geológicos recolhidos por vários geólogos em 16 toposheets respectivas de uma folha de quadrilátero (por exemplo: 56F/1-16) são primeiramente plotados nas toposheets respectivas para preparar 16 mapas geológicos à escala 1:50.000, juntamente com legendas e notas geológicas. Todos os 16 mapas são reduzidos à escala 1:250.000 e plotados de acordo com a sua posição na respectiva folha de graus. Todos os 16 mapas são geologicamente combinados através da recolha e compilação de dados para preparar um mosaico contínuo de um único GQM do respetivo Quadrilátero. São feitos todos os esforços para dissolver os polígonos de acordo com os atributos estratigráficos (por exemplo, Formação) em paridade com as colunas estratigráficas locais, mantendo até mesmo uma pequena mas mapeável mancha de qualquer formação/unidade importante.

Por fim, obtém-se uma camada litológica (LI) para a folha de grau pretendida, após a eliminação, o agrupamento e a dissolução dos polígonos. Um processo semelhante (eliminação, agrupamento ou dissolução com base no atributo) é também seguido para outras camadas poligonais. As características estratigráficas regionais importantes são mantidas. Os dados estruturais mais importantes e relevantes, nomeadamente o leito/foliação, a falha, a dobra, as juntas importantes e o gradiente de fluxo são apresentados nas localizações correctas. A localização de depósitos/ocorrências minerais, bolsas de fósseis raros ou importantes, monumentos geológicos, locais de trabalhos geotécnicos efectuados pela GSI em relação a barragens, pontes, túneis, deslizamentos de terras, etc., se existirem, são também indicados através de símbolos adequados. São utilizados códigos alfanuméricos para todas as formações/unidades, etc. Foi desenvolvida uma única legenda que sintetiza as 16 legendas para ser compatível com o mapa compilado acima referido.

O layout (tamanho, disposição dos componentes) do mapa 250K é exatamente o mesmo do layout do Mapa Geológico Quadrangular impresso em voga, cartografado pelo MPD, Hyderabad. Contém um mapa na metade esquerda com escala, mapas de índice e secção abaixo dele. Uma secção geológica representativa ao longo do "strike" é desenhada recentemente, conforme aplicável a partir dos dados recentemente compilados. O lado direito do mapa contém a legenda e os dados compilados. A legenda compilada é preparada de acordo com o tipo de rocha; Formação; Grupo; Supergrupo e idade; Índice Estrutural e Mineral de acordo com o padrão seguido anteriormente. Uma nova Nota Geológica abrangendo introdução, geologia, estrutura, metamorfismo e mineralização é preparada para cada folha e apresentada. (Fig. 14)

Fig.14. Um layout típico de um mapa de quadrilátero geológico compilado digitalmente na escala 1: 2,50,000 (amostra ilustrativa)

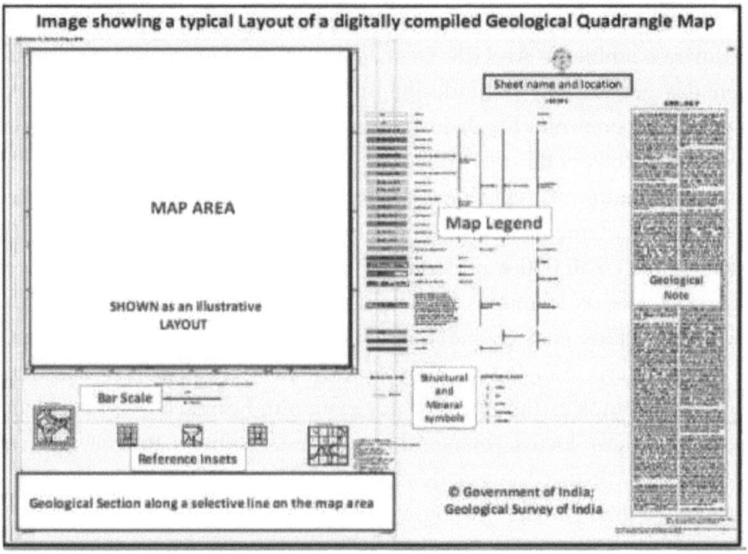

Fig.14. Fonte do layout: Atualizado a partir do "Procedimento Operacional Normalizado - Compilação de Mapas": (GSI Web Portal, 2014) [25]

CAPÍTULO - VIII: OCBIS

O Online Core Business Integrated System (OCBIS) é o projeto do GSI que não só ocupou o centro das actividades, como também representa um grande salto na integração de toda a geoinformação, não só do GSI, mas também de outras comunidades geocientíficas, para apresentar, exibir e disponibilizar toda a geoinformação com uma abordagem futurista em matéria de divulgação de dados. A atividade principal da GSI (GSI Web Portal, 2011a)[22] seria a geração, o armazenamento e a análise de dados de base em vários domínios geocientíficos, como a geologia, a geofísica, a geoquímica, o geoambiente, a avaliação dos recursos naturais, a investigação fundamental em geociências e a divulgação dos mesmos ao vasto espetro da comunidade geocientífica.

Trata-se de um esforço concertado para integrar a tecnologia da informação como um facilitador em todos os aspectos, como a integração de dados multidisciplinares, a interoperabilidade, a gestão do conhecimento, a colaboração e a divulgação. O documento de abordagem (GSI Web Portal, 2011a)[22] sobre o OCBIS aborda desde a informação de base até aos seus objectivos, informação existente, serviços de gestão de documentos e conteúdos, bem como soluções e serviços de dados espaciais, integração com processos empresariais essenciais. A Fig.15 mostra a página inicial de www.gsi.gov.in, a porta principal do OCBIS.

A atividade principal - OCBIS, como processo central do GSI, fornecerá uma plataforma para integrar e gerir todos os processos em torno do programa científico de estação de campo (FSP) do GSI. Uma vez que a maioria dos dados recolhidos pelo GSI através do FSP tem uma componente espacial crítica, a solução de tecnologia geoespacial será uma parte integrante e essencial do OCBIS. Outras vantagens do projeto são a disseminação eficiente de produtos e serviços de geoinformação, a gestão centralizada de dados espaciais para todos os domínios, os serviços baseados em SIG associados a serviços de gestão de conteúdos, a criação e gestão de um ambiente de partilha e colaboração dentro e fora da organização. Estão também em curso iniciativas para digitalizar e disponibilizar no portal Web do OCBIS os antigos mapas e placas analógicos apresentados com os relatórios técnicos do GSI, de acordo com a política de divulgação. Uma vez que estes mapas são carregados na plataforma GIS, a sua utilidade será muito eficaz e rápida para o utilizador final.

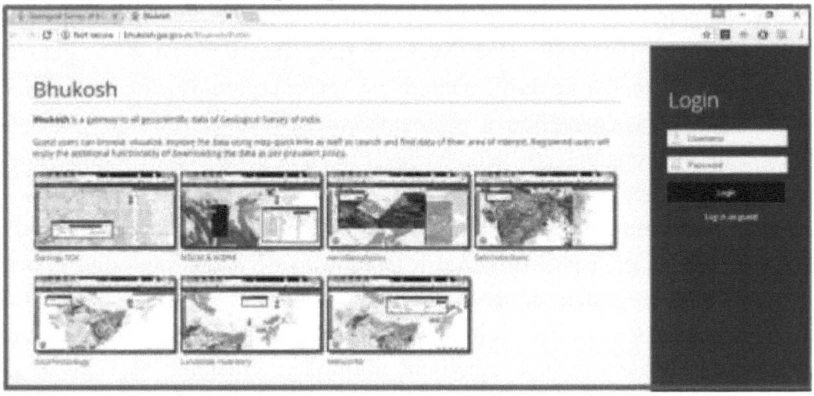

Fig. 16. Página de ligação "Bhukosh" para explorar dados do portal Web do GSI

Foi introduzida no portal Web do OCBIS (http://bhukosh.gsi.gov.in/ Bhukosh/Public) uma página adicional de ligação do utilizador denominada "Bhukosh" (Fig.16), na qual os utilizadores convidados podem navegar, visualizar e explorar os dados utilizando a ligação rápida, bem como pesquisar e encontrar dados da sua área de interesse. Os utilizadores registados usufruirão da funcionalidade adicional de descarregar os dados de acordo com a política em vigor.

CAPÍTULO - IX: ABORDAGEM FUTURISTA

Dado que a procura de geoinformação está a aumentar de forma constante, o GSI está a caminho de adquirir a estratégia necessária, ou seja, desenvolver um conceito de "armazém de dados" com todas as organizações participantes que possa abranger todos os aspectos da integração de dados espaciais. Por fases, o GSI começará a divulgar dados digitais sobre os domínios geológico, geoquímico e geofísico de todo o país, que podem ser disponibilizados aos utilizadores da Internet. O conceito de "armazém de dados" que pode abranger e armazenar dados espaciais gerados por várias organizações e que, posteriormente, podem ser divulgados através de uma rede de interface segura comum a todas as organizações/agências geocientíficas interessadas. A GSI tem como objetivo liderar o caminho para o desenvolvimento através do qual os dados geoespaciais de várias organizações serão disponibilizados numa plataforma digital que pode ser recuperada a partir de uma única fonte por todos os utilizadores finais.

O plano futuro baseia-se fortemente na atual política de divulgação da GSI, que prevê a colocação da maior parte dos dados da GSI na World Wide Web para benefício da comunidade geocientífica em geral, do público, do governo e da indústria. A política estabelece que todos os mapas publicados; relatórios e revistas publicados, mapas e relatórios não publicados, dossiês de informação pormenorizada estarão disponíveis para visualização e descarregamento em formato adequado através do Portal GSI para todas as partes interessadas da GSI, sob reserva de determinadas autorizações e restrições (Portal GSI Web, 2011b)[23] . Com a maior sensibilização para a utilidade da informação geocientífica relacionada com a geografia, a procura deste tipo de informação está a aumentar constantemente. Atualmente, o GSI detém quase todos os dados históricos e gera praticamente 80% dos dados geocientíficos do país. Com o desenvolvimento de uma abordagem multidisciplinar e para ter um ritmo de desenvolvimento mais rápido com custos reduzidos, outras organizações pretendem adotar as medidas estratégicas necessárias para aproveitar a oportunidade oferecida pela GSI na utilização de dados geoespaciais.

O maior e mais importante impacto externo global nas agências de cartografia na última década e meia foi o desenvolvimento e a aceitação generalizada da Internet. Os serviços da Internet têm um impacto direto nas actividades tradicionais de recolha, gestão e fornecimento de dados. A GSI, enquanto agência geocientífica de primeiro plano, adopta as medidas estratégicas necessárias para dar resposta à crescente procura de geoinformação e permitir a utilização de conjuntos de dados interoperáveis por várias organizações nacionais de geociências. A melhor forma de atingir este objetivo é utilizar as normas abertas atualmente disponíveis, desenvolvidas pela Infraestrutura Nacional de Dados Espaciais (NSDI), pelo Consórcio Geoespacial Aberto (OGC), pela Organização Internacional de Normalização (ISO), pelo Consórcio World Wide Web (W3C) e por outras organizações (Portal Web do GSI, 2011b)[23] .

Armazenamento de dados

Com o número de organizações que geram e necessitam de dados geoespaciais, a iniciativa da GSI é vista como uma forma de mostrar o caminho para o desenvolvimento do sistema através do qual os dados geoespaciais de várias organizações podem ser disponibilizados numa única plataforma. Como tal, várias outras organizações mantêm os seus dados em diferentes formatos que são exclusivos de cada organização e não podem ser facilmente utilizados por outras organizações. Pensou-se que o conceito de armazém de dados precisava de ser desenvolvido em todas as organizações participantes. O objetivo é criar um sistema de armazém de dados que abranja todos os aspectos dos dados espaciais (geológicos, geofísicos, geoquímicos, relacionados com o risco, dados ambientais, etc.) gerados por organizações de ciências da terra que possam ser divulgados através de uma interface comum (portal de Geociências) e de uma rede segura (rede de Geociências) a todas as organizações e utilizadores interessados - Governo, planeadores, decisores, entidades privadas, organizações de investigação, etc. (GSI Web Portal, 2011b)[23] .

Também será necessário dispor de um sistema de gestão de documentos (SGD) para captar e arquivar os dados estruturados e não estruturados relativos a relatórios técnicos não publicados, publicações, mapas, etc. que uma organização gera. Alguns dos domínios mais importantes, na perspetiva nacional, para os quais o sistema de gestão de dados geoespaciais será essencial no futuro são os seguintes: minas e exploração mineira, agricultura, projectos de construção, saúde comunitária, gestão de catástrofes, planeamento urbano, proteção ambiental, utilização dos solos e banco de terrenos industriais, defesa nacional, etc.

Para que estes enormes conjuntos de dados estejam disponíveis, é essencial armazená-los corretamente a partir de diferentes fontes e formatos. O documento de base da GSI - Geoinformation and Management (GSI Web Portal, 2011b)[23] indica a condição prévia de que as bases de dados que cobrem toda a Índia devem ser integradas ou desenvolvidas numa plataforma comum com capacidades espaciais e identifica os domínios em que é necessária uma ação de colaboração. Os conteúdos propostos para cada domínio identificado são apresentados anteriormente nesta publicação, juntamente com breves relatos sobre as bases de dados-quadro/não-quadro.

Uma vez que as organizações governamentais locais, regionais, estatais e centrais e as empresas privadas encaram o quadro como uma forma de partilhar recursos, melhorar as comunicações e aumentar a eficiência, os dados temáticos não abrangidos pelo quadro devem ser sobrepostos aos dados temáticos. O documento de base apresenta ainda pormenores sobre a implementação de um sistema de armazém de dados, uma rede comum e a implementação de um portal comum, criando paralelamente sistemas espaciais de apoio à decisão que seriam dotados de regras "em linha" desde a fase de integração dos dados até à entrega dos produtos resultantes. O documento apresenta ainda uma panorâmica geral do "Sistema de Geoinfomação e Gestão de Dados" para atingir o objetivo comum.

Os serviços de mapas permitem a visualização de informações geoespaciais que residem nos sistemas de bases de dados distribuídas através de uma interface comum. Neste caso, o utilizador dá ao sistema um ou mais inputs e o sistema, por sua vez, produz outputs (por exemplo, mapas geológicos/hidrológicos, etc., sobre o mapa do terreno) a partir de dados de diferentes fontes. Assim, os serviços de mapas devem ter uma ligação estreita com outros serviços (serviços de dados/processamento) dos quais extraem dados/serviços e, em seguida, realizam alguns exercícios para transformar, combinar ou criar resultados definidos pelo utilizador com estilos especificados durante a configuração/ou definidos dinamicamente em tempo de execução. O serviço pode ter várias capacidades: visualização de mapas/características com protocolos definidos para aceder a mapas por clientes Web a partir de servidores de mapas registados na Internet. Os utilizadores autenticados deste serviço apresentam consultas espaciais; ao receber estas consultas SQL/CQL, a interface WMS permite que o servidor espacial devolva uma imagem em formato PNG/GIF/JPEG/TIFF para uma área com um sistema de coordenadas referenciado. Este serviço permite também a inserção, edição, visualização e extração de dados em formato vetorial. O serviço cartográfico fornecerá igualmente o "Serviço de gestão de símbolos/estilos" - um sistema multicomponente que permite a recuperação de mapas e conteúdos e inclui a capacidade de criar, armazenar e/ou recuperar estilos e símbolos de várias comunidades ou grupos de utilizadores e de combinar todos estes elementos de informação num mapa devidamente simbolizado; e o "Serviço de cobertura" - um serviço conforme com o OGC (WCS) que produz imagens visuais baseadas em consultas espaciais a partir de dados digitais de elevação ou de dados de imagens da Terra (GSI Web Portal, 2011b)[23] .

Com o OCBIS em funcionamento, o GSI tenta tirar partido das realizações, ter em conta os constrangimentos, as necessidades e implementar os seus objectivos de uma forma holística e bem integrada e sustentar as missões organizacionais nas próximas décadas. O autor, resumindo, refere que é desenvolvido um sistema de informação geocientífica capaz de gerir todos os tipos de dados e de apresentar ao utilizador informações no contexto em que a comunidade geocientífica as necessita. Os produtos cartográficos do GSI já disponíveis, tanto em formato analógico como digital, e os produtos cartográficos digitais (estáticos ou dinâmicos) que estão constantemente a ser preparados, reunindo e integrando todas as informações, constituirão, sem dúvida, uma base para toda a comunidade geocientífica como um processo contínuo que abrirá caminho para a investigação científica, a descoberta de minerais e para todos os desenvolvimentos sociais e socioeconómicos. Com o avanço da conceção dinâmica, a compilação digital pode tornar-se muito mais fácil e consideravelmente acessível e os cartógrafos podem conceber uma base cartográfica para qualquer escala e o planeamento de projectos a todos os níveis estará à mão para recuperar informações cartográficas do mesmo conjunto de dados.

O Serviço Geológico da Índia, a principal organização de ciências da terra do país, tem vindo a construir e a gerir um vasto volume de geoinformação e está a contemplar a entrada numa nova fase, em que os principais processos empresariais devem ser integrados através de um sistema em linha que também constituirá a base para um SIG baseado no conhecimento e não só.

REFERÊNCIAS

1. Agarwal, G.C, 1993: "State of Cartography - Our National Perspective", Survey of India Publication, 1993[cited].

2. Bhushan, S.K e Chandrasekaran, V, 2002: 'Geology and Geochemistry of the Magmatic Rocks of the Malani Igneous Suite and Tertiary Alkaline Province of Western Rajasthan', Memoir No.126, Geological Survey of India, Kolkata, India

3. Chandrasekaran V, 1991: 'Geology and Geochemistry of the Anorogenic Magmatic Phases of the Malani Igneous Province, Western Rajasthan'; Compilação não publicada, Geological Survey of India web portal (www.gsi.gov.in).

4. Chandrasekaran. V, 2013: Abstract: 'Published and unpublished map products of GSI- Advancement through Annals of time', Abstract Volume in proceedings of Seminar on 'Challenges and Emerging Trends of Earth Sciences in India', Department of Earth Sciences, IIT, Roorkee, India.

5. Chaudhuri, N.P, 2001: 'Story of GSI (1851-2001)', Geological Survey of India Publication, Kolkata, Índia.

6. GSI Publication, 1981: 'Index to GSI Publications', Miscellaneous Publication No.54, Geological Survey of India, Kolkata, India.

7. Publicação GSI, 1989: "Recent Geoscientific Studies in the Arabian Sea off India", Publicação especial n.º 24, Geological Survey of India, Calcutá, Índia

8. Publicação GSI, 1992: 'Uttarkashi Earth Quake', Publicação especial n.º 30, Geological Survey of India, Calcutá, Índia.

9. Publicação GSI, 1995: 'The Bhutan Himalayas- A Geological Account', Publicação especial n.º 39, Geological Survey of India, Calcutá, Índia.

10. GSI Publication, 1996 (a): 'A Compendium of four decades of *Geophysical activity in Geological Survey of India' - Special Publication, No.36, Geological Survey of India, Kolkata, India.*

11. Publicação GSI, 1996 (b): 'Annals of Deccan trap study and Bibliography on Deccan trap', Publicação especial n.º 38, Geological Survey of India, Calcutá, Índia.

12. Publicação GSI, 1996 (c): 'Geothermal Energy in India', Publicação especial n.º 45, Geological Survey of India, Calcutá, Índia.

13. Publicação GSI, 1999: 'Inventory on Himalayan Glaciers- A Contribution to the International Hydrological Programme', Publicação Especial n.º 34, Geological Survey of India, Calcutá, Índia.

14. Publicação GSI, 2001: 'Recent Advances in Geology of Coal and Lignite Basins of India', Publicação Especial No.54, Geological Survey of India, Kolkata, Índia.

15. Publicação GSI, 2002: 'Four Decades of Marine Geosciences in India - A Retrospect', Publicação especial nº 74, Geological Survey of India, Kolkata, Índia.

16. Publicação GSI, 2003: 'Kutch (Bhuj) Earth Quake, 26th Jan 2001', Publicação Especial Nº 76, Geological Survey of India, Kolkata, Índia.

17. Publicação do GSI, 2009: "Inventory of the Himalayan Glaciers: A Contribution to the International Hydrological Programme", Publicação especial n.º 34, Geological Survey of India: Uma edição actualizada, Calcutá, Índia.
18. Publicação GSI, 2014: 'GSI through Lenses - Antiquity Revisited', Geological Survey of India, Kolkata, Índia.
19. Publicação GSI, 2015: 'Recent Development in Metallogeny and Mineral Exploration in Rajasthan', Publicação Especial, No.101, Geological Survey of India, Kolkata, India.
20. Publicação GSI (Série): 'Geology and Mineral Resources of India', Misc Publication, Series No 30, Geological Survey of India, Kolkata, India.
21. Portal Web GSI: https://www.gsi.gov.in/webcenter/portal/OCBIS a migrar de www.portal.gsi.gov.in.
22. GSI Web Portal, 2011a (www.gsi.gov.in): 'Documento de abordagem sobre o Sistema Integrado de Negócios Centrais em Linha (OCBIS)'.
23. GSI Web Portal, 2011b (www.gsi.gov.in): "Documento de base - Estratégia futura para a geoinformática e a gestão de dados em organizações relacionadas com as ciências da Terra".
24. Portal Web da GSI, 2011c (www.gsi.gov.in): 'Modified dissemination / Pricing Policy of Published/ Unpublished Report/ Map Data Products of GSI'.
25. GSI Web Portal, 2014 (www.gsi.gov.in): "Procedimento Operacional Normalizado, Missão-III" (Repositório e Gestão de Dados): Map Compilation" (Compilação de mapas).
26. ITC, Países Baixos, 1999: 'Desktop Cartography for Geological Mapping' pelo Instituto Internacional de Levantamento Aeroespacial e Ciências da Terra (ITC), Países Baixos.
27. Publicação do SoI, 1950. Historical Records of Survey of India (1800-1815), Vol.II, Survey of India, Dehra Dun, Índia
28. SoI Publication, 1993: 'A quest for New Heights- A Compendium of technical papers reflecting the multi-faceted and multi-disciplinary growth of Survey of India (1767-1992)', Survey of India, Dehra Dun, India.

MIX
Papier aus verantwortungsvollen Quellen
Paper from responsible sources
FSC® C105338

Printed by Books on Demand GmbH, Norderstedt / Germany